Sitzungsberichte
der Akademie der Wissenschaften
der DDR
Mathematik – Naturwissenschaften – Technik

5N

1989

Robert Rompe

Zum Gedenken an Christian Weißmantel

Klaus Bewilogua, Bernd Rau, Klaus Breuer

Metastabile Phasen in ionengestützt abgeschiedenen dünnen Schichten

AKADEMIE-VERLAG BERLIN

Sitzungsberichte
der Akademie der Wissenschaften
der DDR
Mathematik – Naturwissenschaften – Technik

Jahrgang 1989 · Nr. 5/N

Robert Rompe

Zum Gedenken an Christian Weißmantel

Klaus Bewilogua, Bernd Rau, Klaus Breuer

Metastabile Phasen in ionengestützt abgeschiedenen dünnen Schichten

AKADEMIE-VERLAG BERLIN
1989

Akademisches Kolloquium der Klasse Physik
zum Gedenken an Akademiemitglied
Christian Weißmantel am 6. 10. 1988

Herausgegeben im Auftrage
des Präsidenten der Akademie
der Wissenschaften der DDR
von Vizepräsident Prof. Dr. Hans-Heinz Emons

ISBN 3-05-500528-7
ISSN 0138-3965
Erschienen im Akademie-Verlag Berlin, Leipziger Straße 3 – 4, DDR-1086 Berlin

Lizenznummer: 202 · 100/369/89
Printed in the German Democratic Republic
Gesamtherstellung: VEB Druckhaus Köthen
LSV 1185
Bestellnummer: 7640611 (2010/89/5/N)
00500

Autoren

Bewilogua, Klaus, Dr., Technische Universität Karl-Marx-Stadt,
Sektion Physik/Elektronische Bauelemente

Breuer, Klaus, Prof. Dr., Technische Universität Karl-Marx-Stadt,
Sektion Physik/Elektronische Bauelemente

Rau, Bernd, Dr., Technische Universität Karl-Marx-Stadt,
Sektion Physik/Elektronische Bauelemente

Rompe, Robert, Ordentliches Mitglied der Akademie der Wissenschaften der DDR

Robert Rompe

Zum Gedenken an Christian Weißmantel

Wir haben uns heute versammelt, um unseres vor einem Jahr unerwartet und viel zu früh verstorbenen Mitglieds Christian Weißmantel zu gedenken.
Christian Weißmantel war zweifellos einer der profiliertesten und prominentesten Wissenschaftler der DDR, national und international gesehen.
Weißmantel, in Kamenz geboren, der Stadt, aus der – nach Wilhelm Ostwald – so viele überragende Persönlichkeiten stammen, entwickelte sich zu einem Hochschullehrer und Forscher von internationalem Rang. Seine großen geistigen Potenzen, seine Energie, seine Beharrlichkeit, seine ungewöhnliche Arbeitsfähigkeit und Arbeitsbereitschaft ermöglichten ihm die reichen Entfaltungsmöglichkeiten zu nutzen, die Wissenschaftlern in der sozialistischen Gesellschaft geboten werden. In zahlreichen für Wissenschaftsfragen verantwortlichen Gremien, bei Auslandsaufenthalten und Gastprofessuren, konnte er seinen Horizont erweitern, so daß er frühzeitig als einer unserer Experten für Wissenschaft und Technik angesehen werden konnte. Sein großer Überblick über den Weltfundus an wissenschaftlichen Erkenntnissen und an Technologien machten ihn für alle mit Wissenschaft und Technik befaßten Einrichtungen von Partei und Regierung zu einem besonders wertvollen Partner.
1963 wurde er Ordentlicher Professor für Festkörperphysik an der Technischen Hochschule Karl-Marx-Stadt, 1969 deren Rektor. In dieser Funktion hat er ihren großzügigen Aufbau gefördert, der schließlich durch die Erhebung zur Technischen Universität einen Höhepunkt erreichte. Hierbei hat er großzügige Unterstützung seitens der Bezirksleitung der SED in Karl-Marx-Stadt erfahren, deren Mitglied er war.
1973 wurde er Korrespondierendes und 1976 Ordentliches Mitglied der Akademie. Dem Forschungsrat der DDR gehörte er von 1966 bis zu seinem Tode an. Seit 1973 war er Vorsitzender der Gruppe Physikalische Grundlagen der Technik. In der URANIA wirkte er als Vizepräsident.
Seine Leistungen wurden durch hohe Auszeichnungen gewürdigt. Er war u.a. Nationalpreisträger, Ehrendoktor der Technischen Universität Magdeburg und Träger des Karl-Marx-Ordens. Ein Vorschlag, ihn als Hervorragenden Wissenschaftler des Volkes auszuzeichnen, lag vor.
Christian Weißmantel betrieb die Physik voll bewußt ihrer entscheidenden Rolle für die Entwicklung der Naturwissenschaften, der Technik und der Medizin. Er hat früh verstanden, daß alle mit Mitteln der Physik lösbaren wissenschaftlich-technischen Auf-

gaben – einschließlich der forschungstechnischen Sicherung ihres eigenen Weiterkommens – hochgradig komplex sind. In dieser Erkenntnis hat ihn sein Lehrer Kurt Schwabe von Anbeginn bestärkt. Die hochgradige wissenschaftliche Komplexität fordert von dem Forscher, der mit Erfolg nicht nur bestehendes erhalten, sondern über das bestehende hinaus vordringen will, eine wohlausgewogene und kritische Vielseitigkeit, auch über die Grenzen seiner Disziplin, seiner Hochschule, seines Landes hinaus.

Da Christian Weißmantel die gesamte Palette der wissenschaftlich-technischen Probleme auf den von ihm bearbeiteten Aufgabengebieten beherrschte, ist es natürlich nicht leicht, seine gesamte Leistung in der kurzen Zeit einer Würdigung wie unserer heute darzustellen. Es kann sich also hier nur um eine Skizze handeln, wobei die Auswahl aus der Sicht des Vortragenden geschieht, und die Vertiefung und Vervollständigung Anliegen wissenschaftshistorischer Studien sein muß.

Christian Weißmantel war sich darüber im klaren, daß der Prozeß der Erkenntnis unbegrenzt ist – unerschöpflich wie das Leninsche Elektron, unbegrenzt wie der Ozean der Erkenntnis Newtons. Das sinnvolle Ausmaß des Eindringens kann sich nur ergeben aus den Anforderungen konkreter Aufgaben und den wissenschaftlichen Möglichkeiten, aus ausreichend vorgearbeiteten theoretisch-mathematischen Methoden und aus dem Gesamtrahmen, der von der Gesellschaft der Wissenschaft zur Verfügung gestellt werden kann. Es ist auf der Hand liegend, daß dieser um so weiter gespannt sein wird, je erheblicher die Beiträge der Wissenschaft in die materielle Situation der Gesellschaft eindringen und zu deren Stärkung beitragen.

Im August 1987, nur wenige Tage vor seinem Ableben, hatte er den Wunsch, mich auf Hiddensee für einige Tage aufzusuchen und über die uns beide in den letzten Monaten beschäftigenden zum Teil schwierigen Probleme zu sprechen. Nachhinein muß ich feststellen, daß viele seiner Auslassungen nach Breite und Tiefe den Charakter eines Vermächtnisses hatten. Vieles davon habe ich in unseren Diskussionen über die Beziehungen von Grundlagenforschung zur Industrie, vor allem unserer Akademie zur Technik verwertet. Darüber wird an anderer Stelle zu berichten sein.

Christian Weißmantel hatte, wie sein Lehrer Kurt Schwabe und andere bedeutende Physiko-Chemiker unserer Zeit – ich nenne nur Richard Eucken und P. A. Thiessen – eine „sehr moderne“, d.h. unserer Entwicklungsetappe angemessene Auffassung von Wissenschaft, insbesondere der Rolle der Physik für sich selbst, aber auch für die anderen Naturwissenschaften, Medizin und Technik. Kurz gesagt entspricht sie dem Geiste der Festlegungen des VIII. Parteitages der SED, daß es keinen „absoluten“ Fortschritt gibt, sondern der Fortschritt am gesamtgesellschaftlichen Effekt zu messen ist, mit dem die Menschen die Errungenschaften der Wissenschaft und deren technische Realisierung in ihr Alltagsleben einzubeziehen die Möglichkeit haben. Die Wissenschaft ist damit ein Teil der Hauptaufgabe, denn anspruchsvolle, aber vielen zugängliche Konsumgüter und Dienstleistungen sind ein Bestandteil der modernen Technik, die ja zum Gebrauch und nicht zum Vorführen gebaut wird.

Man kann verstehen, daß diese Auffassung keineswegs auf die DDR beschränkt ist.

Die Wissenschaft ist geeignet, ganz entscheidend das Leben der Menschen zu verbessern, allerdings müssen die ökonomischen und technischen Voraussetzungen dazu (ziemlich mühselig!) geschaffen werden und die Mittel konzentriert auf wissenschaftlich-technischen Fortschritt eingesetzt werden.
Diesen Anspruch immer besser zu erfüllen, dafür setzte Christian Weißmantel sein Wissen und Können vorbehaltlos ein. Intensive Beschäftigung und sachlich-kritische Auseinandersetzung mit den Problemen bei der Vorbereitung von Entscheidungen war ihm wesenseigen. Er besaß im Ergebnis der aktiven Wahrnehmung seiner verantwortungsvollen langjährigen Funktion als Gruppenvorsitzender im Forschungsrat einen tiefen Einblick in volkswirtschaftliche Zusammenhänge, ja er bewies ein hohes Maß an volkswirtschaftlichem Denken.
In der Physik ist die Situation zur Erfüllung dieses Anspruches günstig. Es gibt einen „Kern" der Physik, den wir weitgehend beherrschen. Er umfaßt mathematisch-theoretische und technologische Teile.
P. A. Thiessen, H.-J. Treder und ich haben im vorigen Jahr aus Anlaß der 300. Wiederkehr des Erscheinungsjahres von Newtons Prinzipien unsere Meinung zu der Rolle der Theoretischen Physik hierbei in den „Annalen der Physik" publiziert und konnten eine vollständige Übereinstimmung mit unserem Freunde Christian Weißmantel voraussetzen. Sie resultiert aus der eminenten Bedeutung der weitgehend theoretisch-beherrschten „Physik der Elektronenhülle", auf der der überwiegende Teil des heutigen Weltfundus der Physik beruht, und die die Physik der physikalischen Meßgeräte, Versuchsanlagen, Produktionsanlagen ist, und die in detaillierter Form zur Verfügung steht.
Christian Weißmantel war mehrere Jahre Vorsitzender der Gruppe 11 des Forschungsrates, die sich mit den physikalischen Grundlagen der Technik beschäftigt und hat als solcher das Zustandekommen unseres „Memorandum Physik" inauguriert und entscheidend gefördert.
Das Anliegen des „Memorandum Physik" war ja bekanntlich, die durch Beschlüsse von Partei und Regierung 1986 geforderte enge Verbindung von Grundlagenforschung und Produktion weiter zu vertiefen und zu fördern, unter Beachtung der jeweiligen Spezifika der Forschung außerhalb der Industrie und der bei der Nutzung von Ergebnissen der Forschung im Prozeß der materiellen Produktion entstehenden.
In den Beratungen, die parallel in der Klasse Physik und in der Gruppe 11 liefen, wurde durch mehrere Beiträge kompetenter Kollegen die Notwendigkeit einer ausreichend weit vorauseilenden Grundlagenforschung „im Vorfeld industrieller Nutzung" herausgearbeitet. Es wurde auch festgestellt, daß auf einigen Gebieten diese Forschung schon seit längerer Zeit durch Beschlüsse der Regierung der DDR oder des RGW abgesichert ist und mit gutem Erfolg funktioniert. Solche Gebiete sind z. B. die Hochenergiephysik, die Fusionsphysik, die kosmische und Astrophysik. Christian Weißmantel war aufgrund von Beratungen, die wir zusammen mit P. A. Thiessen hatten, der Meinung, daß man zu diesen fundamentalen Gebieten auch das Grenzgebiet von Physik und Chemie dazurechnen müßte, für das auf Vorschlag von P. A. Thiessen die Bezeichnung „Chemische Physik der Grenzflächen" gewählt wurde.

Christian Weißmantel hat auf diesem Gebiet anerkanntermaßen Bahnbrechendes geleistet. Er hatte frühzeitig erkannt, welche Perspektiven hochveredelte Mikrostrukturen in der strategischen Werkstoffentwicklung eröffnen, und hat die Entwicklung dieser Richtungen in der DDR mit aller Konsequenz betrieben.
Mit seinem Namen ist die Herausbildung eines international anerkannten Zentrums der Grenzflächen -und Dünnschichtforschung an der Technischen Universität Karl-Marx-Stadt verbunden, das auf viele industrielle Entwicklungen wie Hartstoffbeschichtungen, Mikrostrukturerzeugungen in der Mikroelektronik und vieles andere ausgestrahlt hat.
Durch seine Arbeiten auf modernsten Gebieten wie der ionenstrahl- und plasmagestützten Mikrostrukturierung, der sogenannten Graphoepitaxie usw. war er ein gesuchter internationaler Partner. Er wußte, daß nur eigene hohe Leistung und wissenschaftliche Autorität Basis für eine fruchtbare internationale Zusammenarbeit bilden können.
Mit dieser Motivierung erzog er den wissenschaftlichen Nachwuchs und schuf eine Schule exzellenter thereotischer und experimenteller Physiker, die einer modernen Werkstoffforschung in unserem Land viele Impulse gegeben haben und weiter geben werden.
Die Notwendigkeit und die Bedeutung der angemessenen Betätigung auf solchen Gebieten besteht neben der fachlich-inhaltlichen Bereicherung der Erkenntnis in den Möglichkeiten, hier im Vorfeld der materiellen Produktion und damit im Vorfeld des von den kapitalistischen Unternehmen betriebenen Konkurrenzkampfes mit weniger Restriktionen und Beschränkungen der Informationsübertragung international zu kooperieren; denn allen Beteiligten ist klar, daß ohne weitestgehende internationale Kooperation nebst weitestgehender Nutzung des Weltfundus eine erfolgreiche international beachtete Forschung nicht betrieben werden kann, mit einem angemessenen gesellschaftlichen Aufwand.
Wissenschaft und Technik in der vordersten Front sind seit 300 Jahren international, was sich auch in der länderübergreifenden Wirksamkeit unserer großen technischen Systeme ausdrückt, wie Kommunikation, Information, Transport, Energie, Gesundheitswesen, Zuverlässigkeit, Umweltprobleme. Diese Kooperation erfolgt in permanentem Kontakt von Vertretern sozialistischer und kapitalistischer Industriebetriebe bzw. Wissenschaftseinrichtungen. Es ist nicht zu vermeiden, daß aus diesen Kontakten, deren Unersetzlichkeit für den Fortschritt für Wissenschaft und Technik unbestritten ist, man gleichzeitig einer Infektionsgefahr mit den negativen Erscheinungen des Wissenschafts- und Technikbetriebes in der kapitalistischen Welt ausgesetzt ist, die aus der Brutalität des Konkurrenzkampfes und der Ausbeutung resultieren, die zur Ausbildung unangenehmer, mit der Würde der Wissenschaft nicht zu vereinbarenden Methoden führt. Solche Erscheinungen sind im Sozialismus nicht systemimmanent, können aber natürlich durch Ansteckung übergreifen.
Zur Sicherung und Beurteilung einer angemessenen und erfolgreichen Tätigkeit in der DDR auf diesen o.g. ausgewählten fundamentalen Gebieten der Physik wurde auf Veranlassung von Christian Weißmantel unter Leitung durch unser Mitglied Karlheinz

Müller eine Gruppe gebildet, die sich mit dem Stand der technischen Ausrüstung auf den in der DDR bearbeiteten Gebieten dieser Art beschäftigte. Sie lieferte interessante aber nicht durchgehend erfreuliche Einsichten.
Diese Tätigkeit zog sich über längere Zeit hin, über sie wird Kh. Müller demnächst in der Klasse Physik berichten.
Wenn so das Interesse Christian Weißmantels für eine angemessen weitgefaßte Grundlagenforschung immer wieder zum Vorschein trat, so muß man auch auf die Realistik seiner Einschätzung hinweisen, die immer wieder unterstrich, daß die Nutzung des Weltfundus von dem Grade seiner Zugänglichkeit bestimmt wird und diese wiederum von einem gewissen angemessenen Ausmaß eigener Betätigung und ausreichenden technischen Voraussetzungen abhängt, wozu auch die Beschaffung von Literatur, Vervielfältigungstechnik, aber auch von Reisemitteln gehören.
Da das alles heutzutage keineswegs unerhebliche Aufwendungen verlangt, ist von vornherein eine sinnvolle Einbindung des Anteils für die Wissenschaft in das gesamte ökonomische Leben eines modernen Industriestaates erforderlich und eine die wissenschaftlich-technische Entwicklung fördernde Verbuchung der Mittel.

Da die Wissenschaft berufen und imstande ist, das Leben der Menschen in breitestem Sinne positiv zu verändern, ist es naheliegend, die Nutzer und Nutznießer der Wissenschaft in einem angemessenen, der Spezifik ihrer Tätigkeit angepaßten Ausmaß an der Entwicklung der Wissenschaft zu beteiligen. Das ist selbst ein wissenschaftliches Problem, dessen sich Christian Weißmantel bewußt war.

Hier näherten sich die Gedanken Christian Weißmantels den Grundsätzen, die bereits auf dem VIII. Parteitag der SED im Hinblick auf gesellschaftlichen Fortschritt erarbeitet worden sind und die naturgemäß bei der engen Verbindung von Wissenschaft mit der Technik auch für die Wissenschaft zu gelten haben.

Eine erfolgreiche Entwicklung der Nutzung der Wissenschaft setzt natürlich voraus, daß ihre Ergebnisse von sehr vielen am Produktionsprozeß und den folgenden Bearbeitungsstufen Beteiligten gekannt und genutzt werden. Eine allgemeine Voraussetzung hierzu ist ein allgemein hohes Niveau der Schulbildung, was ja bei uns in der DDR durch unsere 10-Klassen-Schule anerkanntermaßen in ausreichendem Umfang gesichert ist. Aber an die Schule und die berufliche und fachliche Weiterbildung muß sich ein permanenter Lernprozeß anschließen, der den schaffenden Menschen in der Sphäre der materiellen Produktion bis zum Rentenalter begleitet. Wobei allerdings die bereitzustellenden Hilfsmittel abgestuft und jedem Vorbildungsgrad entsprechend aufbereitet werden müssen.

Christian Weißmantel hat diese Problematik klar erkannt und immer wieder in der Akademie und im Forschungsrat vorgetragen, daß zur Realisierung wissenschaftlicher Ergebnisse in der Technik ein breites Umfeld von Information gehört, was nur zum Teil durch das Stichwort „Popularisierung der Wissenschaft“ abgedeckt wird.

Seine Aktivitäten in der URANIA nahm er begreiflicherweise sehr ernst und hat sehr viel getan, um aus der URANIA die Organisation zu machen, wie sie heute tatkräftig bei der Bewältigung des technisch-wissenschaftlichen Fortschritts unterstützt.

Seit 1957 Mitglied der URANIA war er stets ein gefragter Referent und Autor zahlreicher populärwissenschaftlicher Schriften. Ab 1964 wirkte er als Vizepräsident der URANIA, die ihn 1981 mit ihrer höchsten Auszeichnung, der „Ernst-Häckel-Medaille", ehrte.

Christian Weißmantel war seit 1965 Mitglied der Physikalischen Gesellschaft der DDR und leitete den Arbeitskreis „Vakuumphysik und -technik" innerhalb des Fachverbandes Festkörperphysik in klarer Erkenntnis der überragenden Bedeutung der Vakuumphysik für moderne Technologien von der Elektronik bis zur Metallurgie. Er bemühte sich stets um einen regen wissenschaftlichen Meinungsaustausch innerhalb der Physikalischen Gesellschaft, sei es durch die Auswertung internationaler Tagungen oder Beiträge auf den Jahreshaupttagungen und den „Dresdener Vakuumtechnischen Kolloquien". Gerade letztgenannte Veranstaltungsreihe war eine wichtige Weiterbildungsveranstaltung für die in der Vakuumtechnik tätigen Forscher. Auch die Tagungsreihe „Hochvakuum, Grenzflächen/dünne Schichten", die im 3-Jahres-Rhythmus mit starker internationaler Beteiligung stattfindet, wurde wesentlich von ihm geprägt.

1977 wurde die DDR auf der 6. Generalversammlung der Internationalen Union für Forschung, Technologie und Anwendung des Vakuums einstimmig als Mitglied aufgenommen. Dieser Erfolg ging im wesentlichen auf die Inititative und internationale Autorität von Christian Weißmantel zurück. Ausdruck dessen war seine Wahl in den Exekutivrat der Internationalen Union für Forschung, Technologie und Anwendung des Vakuums und 1978 zum Vorsitzenden des Komitees für Beschlußkontrolle und zum Mitglied der Statutenkommission. Damit nahm er in dieser angesehenen Organisation eine Schlüsselstellung ein, die er stets zum Nutzen für die Vakuumtechnik der DDR und der anderen sozialistischen Länder wahrzunehmen wußte. Im selben Jahr wurde die „Nationale Kommission Vakuumphysik" gegründet, deren Vorsitz Christian Weißmantel übernahm. Dem Engagement und der Ausstrahlungskraft von Christian Weißmantel ist es zu danken, daß die DDR seither in praktisch allen Fachgremien der Internationalen Union für Forschung, Technologie und Anwendung des Vakuums vertreten war und die Vakuumtechnik unseres Landes auch international eine hohe Wertschätzung genießt.

Christian Weißmantels Ideengut ist in etwa 230 Veröffentlichungen in den Weltfundus der Wissenschaft eingegangen. Unter seinen zahlreichen Veröffentlichungen verdienen m.E. zwei besondere Erwähnung: „Die Grundlagen der Festkörperphysik" zusammen mit Hamann und die Kleine Enzyklopädie „Struktur der Materie". Beides sind Werke, die zunehmend international Beachtung erworben haben und auf je 2 Auflagen in der DDR und in der BRD verweisen können.

Zahlreiche Patentschriften sind mit seinem Namen verbunden.

Christian Weißmantel hat in seiner 23jährigen Tätigkeit als Hochschullehrer durch seine sehr produktive Handhabung von Lehre und Forschung eine Vielzahl von Doktorarbeiten betreut und so eine große Anzahl von Schülern hinterlassen. Als Gastprofessor wirkte er an Universitäten in Frankreich. Zahlreiche Hauptvorträge zu internationalen Tagungen bzw. an bedeutenden wissenschaftlichen Institutionen des Auslands gehalten, führten ihn u.a. in die UdSSR, die USA, nach Japan, Frankreich,

England, Ungarn und in die BRD. Eine weitere Erkenntnis, die Christian Weißmantel von diesen Reisen mitbrachte, ist, daß wie bereits oben gesagt, ein Hauptmerkmal einer modernen Technik eine massenhafte Beteiligung von Menschen an ihrer Erstellung und auch an ihrer Nutzung ist, und daß ohne die Einbeziehung der Massen die Technik tatsächlich nurmehr eine akademische Spielerei bleibt.
Die Wissenschaft zeitigt, wie immer schon (auch bei uns) hervorragende Einzelexperimente und Einzelanlagen, die für die Weiterentwicklung für Wissenschaft und Technik bedeutsam werden und die meist Qualitätssprünge der Entwicklung mit sich bringen. Aber ohne eine breite, auf Massenbasis entwickelte Technik und ihren Betrieb bleibt sie sozusagen in der Luft hängen.
An dieser Stelle komme ich wieder auf das engere Arbeitsgebiet von Christian Weißmantel zurück.
Er bearbeitete Probleme, die auf die technische komplexe Nutzung von Kombinationen von Erkenntnissen verschiedener Bereiche der „Physik der Elektronenhülle" zurückgeführt werden können. Hierbei habe ich mich mit ihm gerade bei unserer letzten Begegnung darüber verständigt, daß offenbar der Weg der Erkenntnis in der Physik und in den von der Physik beeinflußten Natur- und Technikwissenschaften keineswegs „eindimensional" vonstatten geht.
Die Physik hat sehr viel profitiert davon, daß sie jahrzehntelang das extrem Kleine (Elementarteilchen) und das extrem Große (Dimension des Kosmos) zu enträtseln sich bemüht hat. Es sind hierbei erstaunliche neue Erkenntnisse zustande gekommen, ohne daß die von Newton uns hinterlassene Basis verlassen worden ist, und daß alle berechtigten Fragen, die am Anfang dieser Entwicklung standen, beantwortet worden sind. Es zeigt sich aber auch immer mehr, daß das Vordringen in das Reich der komplexen Phänomene aus ihrer Komplexität heraus ganz neue Aspekte der Erschließung der Wirklichkeit mit sich bringt. Hierbei beginnen die Technologien, die zur Gewinnung hochkomplexer Strukturen erforderlich sind, wiederum eine für den Fortschritt der Wissenschaft bedeutungsvolle Rolle zu spielen, wie die Fernrohre in Zeiten von Galilei und Newton und die Spektralapparate in Zeiten von Balmer und N. Bohr und die Teilchenbeschleuniger in den 50er Jahren. Es ist hier nicht der Ort im einzelnen auf diese Dinge einzugehen, ich möchte nur einige Stichworte zur Kennzeichnung anbringen: Josephsonkontakte, Quanten-Hall-Effekt, Hochtemperatursupraleiter. Diese zeigen, daß in komplizierten vielatomaren Systemen Phänomene zustande kommen, die zwar alle im Bereich der Fundamente der Physik begründet sind, und „Außerphysikalisch" nichts enthalten, die aber trotzdem weit über die Erkenntnisse der eindimensionalen Erschließung der Wirklichkeit hinauszugehen scheinen. Die Technologien eröffnen der Grundlagenforschung neue Zugänge zur Erfassung der Wirklichkeit. Das war die Meinung Christian Weißmantels.
Christian Weißmantel hat während seiner Mitgliedschaft an unserer Akademie eine Reihe von bedeutsamen und hochaktuellen Vorträgen gehalten, die vielen von Ihnen noch in guter Erinnerung sein werden. Ich möchte sie am Ende meiner Würdigung des Wirkens unseres verstorbenen Mitglieds Christian Weißmantel noch einmal aufführen:

1974 in der Klasse Physik:
Der Mechanismus der Ionenzerstäubung.
Zum Studienplan Grundstudium Physik

1978 in der Klasse Physik:
Anwendung der Wechselwirkung zwischen Ionen und Festkörpern

1981 im Max-von-Laue-Kolloquium:
Metastabile Schichtsysteme

1982 in der Klasse Physik:
Chemische Physik von Mikrostrukturen an Grenzflächen und Schichten

1983 im Plenum:
Mikrostrukturen fester Stoffe in Wissenschaft und Technik

1985 in der Klasse Physik:
Mikromechanik – einige Entwicklungstendenzen und Probleme
Die Verbindung von Festkörperphysik und -chemie zur Mikromechanik/Mikrobearbeitung

1986 in der Klasse Physik:
Chemische Physik der Grenzflächen

Klaus Bewilogua, Bernd Rau, Klaus Breuer

Metastabile Phasen in ionengestützt abgeschiedenen dünnen Schichten

1. Einleitung

Dünne Schichten finden in der Technik in vielfältiger Weise Verwendung, z.B. zum Verschleiß- und Korrosionsschutz, in elektronischen Bauelementen, als magnetische Speichermedien oder zur Vergütung optischer Baugruppen. Seit langem werden u.a. galvanische Techniken oder das Aufdampfen im Hochvakuum zur Herstellung solcher Schichten genutzt.
In den letzten 20 Jahren erlangten Verfahren zur ionengestützten Abscheidung dünner Schichten zunehmende Bedeutung. Die Bezeichnung „ionengestützt" soll umfassend für alle die Fälle gelten, in denen energiereiche Ionen das Schichtwachstum merklich beeinflussen. Die Ionen können Energie, Ladung und Impuls auf ein Target, ein Substrat oder auf die Oberfläche einer gerade wachsenden Schicht übertragen. Man arbeitet üblicherweise mit Ionenenergien im Bereich von 10 bis 10^4 eV. Diese sind deutlich größer als thermische Energien bzw. die Bindungsenergien der Atome im Festkörper. Es ist demnach vorstellbar, daß z.B. beim Ionenbombardement einer wachsenden Schicht „ungewöhnliche", metastabile Phasen entstehen, die sonst gar nicht oder nur unter extremen Bedingungen, wie hohen Temperaturen und/oder Drücken, entstehen können.

Bei der Wechselwirkung von Ionen mit Festkörpern laufen eine Reihe von Elementarprozessen ab [1–3], von denen hier einige wichtige genannt seien:

- Abstäuben von Atomen oder Atomclustern des Substrat- oder Schichtmaterials;
- Eindringen energiereicher Ionen in das Substrat oder die wachsende Schicht. Dies führt zu Strukturdefekten bzw. zu starken lokalen Aktivierungen ("thermal spikes");
- Ioneninduzierte Desorption bzw. Vernetzung adsorbierter Moleküle;
- Emission von Sekundärelektronen und Photonen.

Unter Leitung von Akademiemitglied Prof. Dr. rer. nat. habil. Christian Weißmantel entstanden in mehr als 20jähriger Forschungsarbeit im heutigen Wissenschaftsbereich Struktur der Materie an der Sektion Physik/Elektronische Bauelemente der Technischen Universität Karl-Marx-Stadt zahlreiche Beiträge zu Problemen der ionengestützten Abscheidung dünner Schichten. Diese Arbeiten umfaßten sowohl die Entwicklung neuartiger Beschichtungsverfahren sowie deren Überleitung in die Praxis als auch physikalische Grundlagenuntersuchungen zur Struktur, zu den Bildungs-

mechanismen und Eigenschaften derartiger Schichten. Das Spektrum möglicher Anwendungen reichte von Schichten für die Optik und die Mikroelektronik bis zu Hartstoffdepositen für den Verschleiß- und Korrosionsschutz.
Im vorliegenden Beitrag wird nach einer kurzen Charakterisierung ionengestützter Beschichtungsverfahren an Hand zweier Beispiele die Ausbildung metastabiler Phasen diskutiert:

- Ionenplattierte Chrom-Kohlenstoff-Compositschichten;
- Ionenplattierte Kohlenstoffschichten mit teilweise diamantähnlichen Eigenschaften. Wegen des erheblichen Einflusses energiereicher Ionen auf das Schichtwachstum schlugen Weißmantel u.a. [4, 5] für dieses Material den Namen i-Kohlenstoff (i-C) vor.

In den letzten Jahren wuchs das Interesse an amorphen Kohlenstoffschichten mit diamantähnlichen Eigenschaften weltweit ständig an. Dies ist auf die vielfältigen Einsatzmöglichkeiten dieses Materials, u.a. zur Vergütung infrarot-optischer Bauteile oder zum Verschleißschutz, zurückzuführen. Es gibt z.Z. zahlreiche Verfahren zur Herstellung solcher Deposite [6], z.B. die Hochfrequenz-Glimmentladung, die Gleichstrom-Glimmentladung oder das Ionenplattieren. Da in den meisten Fällen Kohlenwasserstoffe als Kohlenstoffträger benutzt werden, enthalten die Schichten in der Regel beträchtliche Mengen Wasserstoff. Deshalb ist neben der Bezeichnung i-C auch der Name a-C:H gebräuchlich.
Die beiden von uns untersuchten Schichtmaterialien Cr—C und i-C wurden unter dem Gesichtspunkt einer möglichen Nutzung als Hartstoffschicht ausgewählt.
Ziel der durchgeführten Untersuchungen war es, Zusammenhänge zwischen den Abscheidungsparametern (hier erwies sich die Ionenenergie als wesentlichste Einflußgröße), der Struktur und den Eigenschaften der Schichten aufzuklären.

2. Verfahren zur ionengestützten Abscheidung dünner Schichten

In Abb. 1 sind vier ausgewählte Beschichtungstechniken schematisch dargestellt. Aus der zugehörigen Tabelle lassen sich die für die jeweiligen Verfahren charakteristischen Teilchenenergien entnehmen. Hinsichtlich einer umfassenderen Diskussion zu den Wirkprinzipien ionengestützter Beschichtungstechniken sei auf Reiße [7] verwiesen.
Im Teilbild 1a ist die Ionenstrahlzerstäubung (Sputtern) dargestellt. Abb. 1b zeigt das Schema des Mitte der 70er Jahre von Weißmantel und Mitarbeitern [1, 8] entwickelten Zweistrahlverfahrens, bei dem die wachsende Schicht durch eine separate Ionenquelle beschossen und dadurch „aktiviert" wird. Bei der Ionendeposition ([9]; Abb. 1c) werden nahezu monoenergetische Ionen auf dem Substrat „abgelagert". Zum Vergleich ist in der Tabelle auch der für die Ionenimplantation typische Energiebereich angegeben. Das erstmals von Mattox [10] beschriebene Ionenplattierverfahren (Abb. 1d) ist technisch relativ einfach zu realisieren und wird daher in vielen Laboratorien eingesetzt. Die von uns entwickelte und mehrfach detailliert beschriebene [6,

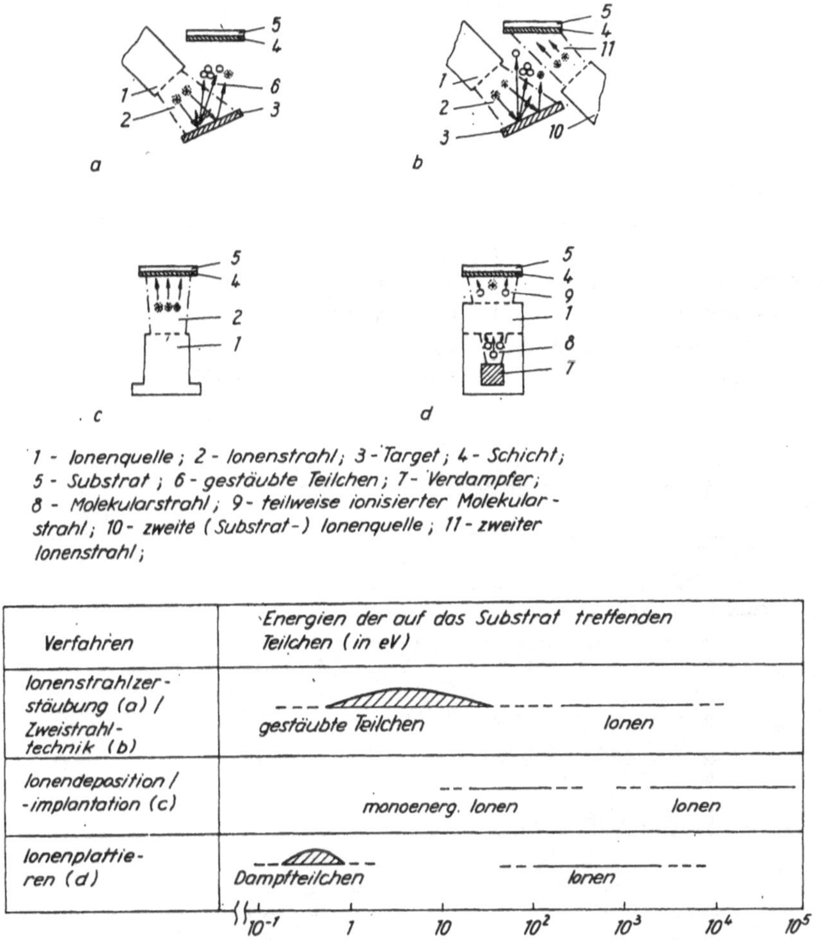

Abb. 1 Wirkungsprinzipien verschiedener ionengestützter Schicht-Abscheidungsverfahren

11, 12] Version dieses Beschichtungsverfahrens ist in Abb. 2 dargestellt. Mit einer solchen Apparatur wurden die oben erwähnten Cr—C- und i-C-Schichten abgeschieden. Als Kohlenstoffträger diente Benzen (C_6H_6). Ein Teil des in die Ionisierungsvorrichtung eingelassenen Benzendampfes wird durch Elektronenstöße ionisiert. Die Kohlenwasserstoff-Molekülionen werden dann auf das negativ vorgespannte wassergekühlte Substrat (U_s: bis -3000 V) beschleunigt. Bei dieser Verfahrensweise entstehen i-Kohlenstoff-Schichten. Wird durch die „transparent“ ausgelegte Ionisierungsvorrichtung simultan Chrom gedampft, entstehen Cr—C-Compositschichten. Vor Beginn jeder Beschichtung wurden die Substrate durch Beschuß mit Edelgasonen (z.B. Xenon) „in situ" gereinigt. Als Maß für die Energie der auf das Substrat treffenden Ionen haben wir die Potentialdifferenz zwischen Substrat und Anode (U_a) verwendet: $U_b = |U_s| + |U_a|$. Einige typische Beschichtungsparameter seien genannt:

- Restgasdruck im Rezipienten: $5 * 10^{-4}$ Pa;
- Substrathalter-Temperatur: < 400 K;
- Druck des Arbeitsgases bzw. -dampfes (Edelgas, Benzen): etwa 10^{-2} Pa;
- Substratspannung U_s: (0 ... −3000) V;
- Ionenstromdichte am Substrat: 0,05 bis 0,2 mA $* cm^{-2}$;
- Aufwachsraten (Cr−C und i-C): 0,5 bis 1 nm $* s^{-1}$;
- Schichtdickenbereich: < 10 nm ... 20 µm;
- Substrate: Stahl, Hartmetall, Aluminium, Si((111) und (100)), NaCl(100), Glas, Keramik;

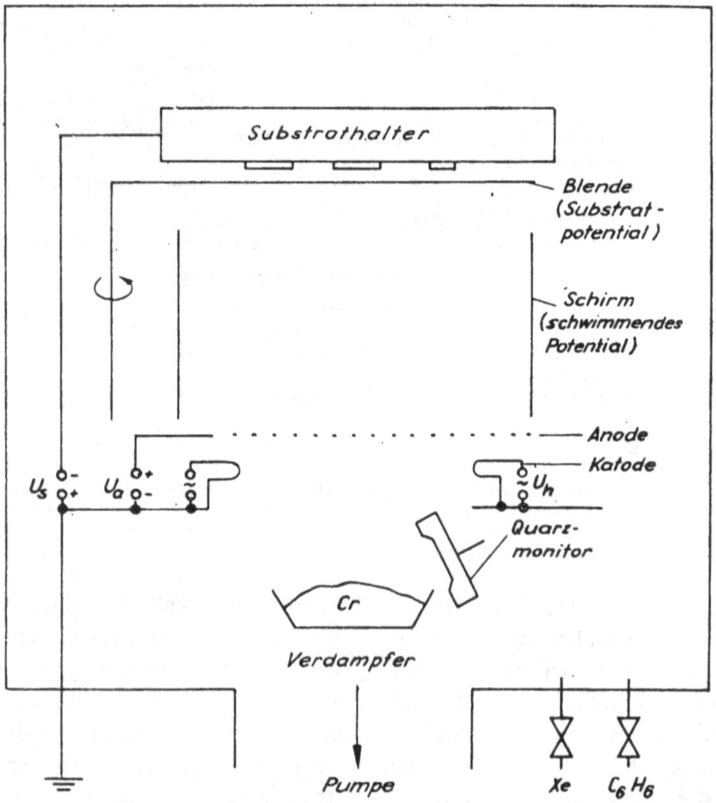

Abb. 2 Schematische Darstellung des Ionenplattierverfahrens zur Abscheidung von Chrom-Kohlenstoff-Compositschichten und von i-Kohlenstoff-Schichten

Folgende Stromdichten der auf das Substrat treffenden Teilchen wurden abgeschätzt:

- Neutrale Moleküle: $2 * 10^{16}\,cm^{-2} * s^{-1}$ (gaskinetischer Beitrag);
- Ionen: $10^{15}\,cm^{-2} * s^{-1}$ (Stromdichte 0,2 mA $* cm^{-2}$; die auf das Substrat treffenden Ionen bestehen vorwiegend aus kompletten Kohlenstoff-6-Ringen [6]);
- Cr-Atome: $(0{,}8 \ldots 2) * 10^{16}\,cm^{-2} * s^{-1}$.

Die auf einigen Substratmaterialien, u. a. Kupfer und Messing, sehr schlechte Haftung von i-Kohlenstoffschichten kann durch metallhaltige Zwischenschichten deutlich verbessert werden. Mit unserem Ionenplattierverfahren läßt sich das relativ einfach realisieren, indem zu Beginn der Beschichtung Metall (z. B. Chrom oder Aluminium) verdampft wird und dann ein kontinuierlicher Übergang zur reinen i-C-Beschichtung erfolgt.

3. Ionenplattierte Chrom-Kohlenstoff-Compositschichten

3.1. Abhängigkeit der Schichtstruktur von der Ionenenergie

Zur Aufklärung des Einflusses energiereicher Ionen auf den Wachstumsprozeß wurden dünne (< 100 nm) Cr–C-Compositschichten mit verschiedenen Ionenenergien eU_b hergestellt. Außerdem erfolgte eine Variation der Chrom-Verdampfungsrate. Die Struktur und die Elementkonzentrationen der Cr–C-Deposite wurden mittels Transmissionselektronenmikroskopie (TEM) bzw. Rutherford-Rückstreuung (RBS) bestimmt. Die auf wassergekühlten Substraten abgeschiedenen Schichten waren in der Regel amorph und wiesen deutlich ausgeprägte Säulenstrukturen auf, die mit Hilfe hochauflösender TEM-Abbildungen nachgewiesen werden konnten [13]. Im linken Teilbild von Abb. 3 ist ein derartiger Schichtaufbau schematisch dargestellt.

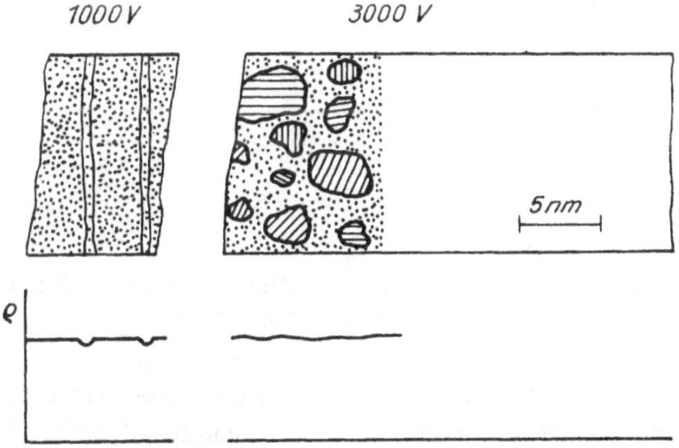

Abb. 3 Aufbau von Cr–C-Schichten. Links: amorph mit Säulenstruktur, z. B. bei U_b = 1000 V, rechts: Kristallite des Carbids CrC_{1-x} umgeben von amorphem Material (U_b = 3000 V). Unten: Verlauf der Massendichten

Die Elektronenbeugungsbilder dieser amorphen Cr–C-Deposite ließen sich auf der Grundlage des Modells regelloser dichter Kugelpackungen (von Cr-Atomen) mit eingelagerten C-Atomen interpretieren [14, 15].

3.2. Eine metastabile Chrom-Carbid-Phase

Unter speziellen Abscheidungsbedingungen ($U_b = 2000 \ldots 3000$ V), Stromdichte der Cr-Atome am Substrat etwa 10^{16} $cm^{-2} * s^{-1}$) enthielten die Deposite (auf NaCl-, Si- und Al-Substraten) Kristallite mit Abmessungen bis zu 15 nm. Die mittlere Kristallitgröße betrug etwa 5 nm. Dieses Ergebnis war eindeutig reproduzierbar. Im rechten Teilbild von Abb. 3 ist der Aufbau einer mit $U_b = 3000$ V abgeschiedenen Schicht dargestellt. Für solche Schichten wurden keine Anzeichen eines Säulenwachstums gefunden. Dies läßt sich mit einer durch die höheren Ionenenergien vergrößerten Oberflächenbeweglichkeit der kondensierten Atome erklären (siehe auch [16]).
Für die Schichten, die Kristallite enthielten, wurden Atomverhältnisse Cr : C < 1 ermittelt. Das Polykristall-Elektronenbeugungsbild ließ sich eindeutig einer kfz-Struktur (NaCl-Typ, B1) mit einer Gitterkonstante a = 0,410 nm zuordnen. Abb. 4 zeigt die zugehörige Elementarzelle. Zusätzlich zu Chrom und Kohlenstoff ist hier auch ein Wasserstoffatom auf einem der acht möglichen tetraedrischen Lückenplätze markiert. Das Vorhandensein von Wasserstoff wurde nicht nachgewiesen, ist aber wegen der Verwendung von Benzen als Kohlenstoffträger durchaus wahrscheinlich [16].

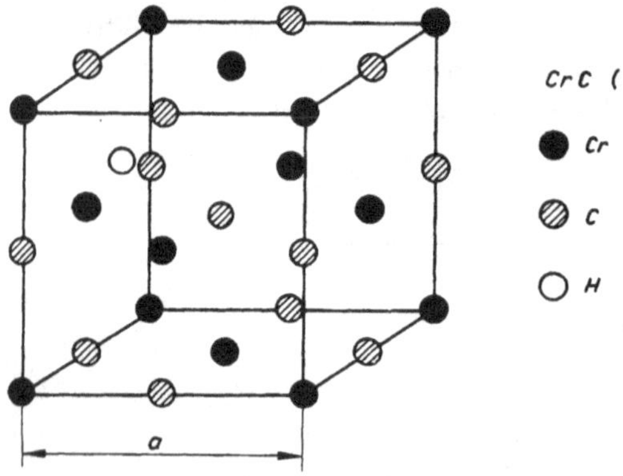

Abb. 4 Elementarzelle des Chrom-Carbids CrC mit a = 0,410 nm. Ein Wasserstoffatom ist auf einem von acht möglichen tetraedrischen Lückenplätzen markiert

Vergleiche experimentell ermittelter Elektronenbeugungs-Intensitätswerte (Abb. 5a) mit berechneten Daten (Abb. 5b–d) weisen auf ein unterstöchiometrisches Chrom-Carbid CrC_{1-x} ($x > 0$) hin.
Für den „perfekten" CrC-Kristall ($x = 0$, Abb. 5b) ergeben sich eindeutig zu kleine Intensitäten des ersten Reflexes (111). Mit zunehmendem x wächst aber gerade dieser

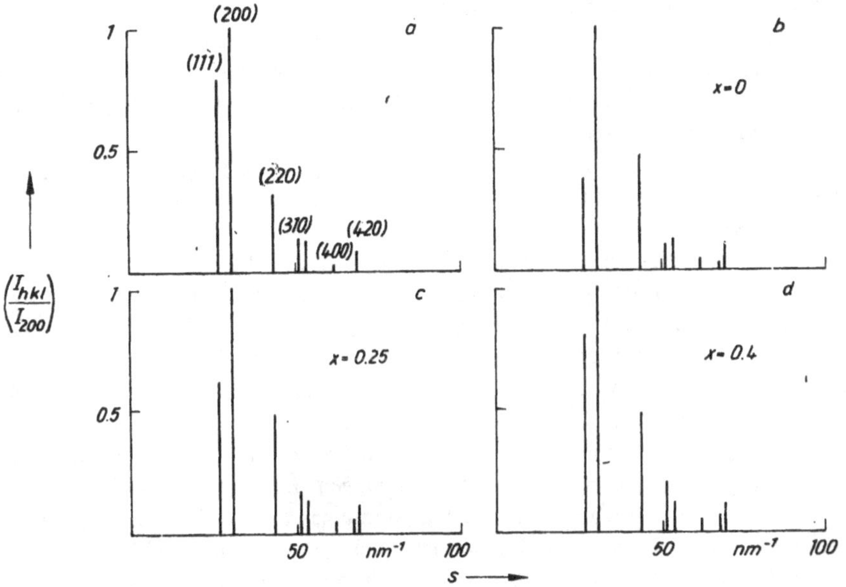

Abb. 5 Experimentell ermittelte (a) und für CrC_{1-x} mit B1-Struktur (a = 0.410 nm) berechnete (b — d) relative Elektronenbeugungsintensitäten; x = 0 (b), x = 0,25 (c) und x = 0,4 (d); s: Beugungsparameter

Peak beträchtlich und erreicht die experimentell ermittelten Werte (Abb. 5c, d). Nach Berücksichtigung verschiedener Korrekturen folgt, daß x im Intervall $0{,}25 < x < 0.5$ liegen muß [16].

Die Auswertung der Experimente ergab also, daß unter speziellen Abscheidungsbedingungen polykristallines, unterstöchiometrisches Chrom-Carbid CrC_{1-x} mit B1-Struktur entstehen kann. Aus der Literatur, z.B. [17, 18], sind drei Chrom-Carbide bekannt:

- $Cr_{23}C_6$: komplexe kfz-Struktur, a = 1,0655 nm, Massendichte $\rho_m = 6{,}95\ g * cm^{-3}$;
- Cr_7C_3: hexagonales Gitter, $\rho_m = 6{,}9\ g * cm^{-3}$;
- Cr_3C_2: orthorhombisches Gitter, $\rho_m = 6{,}66\ g * cm^{-3}$.

Ein Carbid mit B1-Struktur soll als Hochtemperaturmodifikation existieren [17], genauere Angaben sind in der Literatur dazu jedoch nicht zu finden. Das in den ionenplattierten Schichten enthaltene CrC_{1-x} stellt offensichtlich eine metastabile Phase dar, die unter unseren speziellen Beschichtungsbedingungen entstehen kann.

Die Übergangsmetall-Carbide der IV. und V. Nebengruppe des Periodensystems (Ti, Zr, Hf) bzw. (V, Nb, Ta) haben B1-Strukturen [17, 18]. Diese Carbide sind Einlagerungsverbindungen, bei denen sich die C-Atome auf oktaedrischen Lückenplätzen des kfz-Metall-Untergitters befinden. Durch unbesetzte Lückenplätze entstehen oft unterstöchiometrische Verbindungen MeC_{1-x} (Me: Metall). Eine Voraussetzung für

die Stabilität solcher Einlagerungsverbindungen ist nach Hägg [19], daß das Verhältnis der Atomradien r_c/r_{Me} nicht größer als 0,59 ist. Für die oben genannten Carbide ist diese Bedingung erfüllt, für Chrom ist der Radienquotient geringfügig größer (0,61 [18]). Damit folgt bereits aus dieser einfachen Überlegung, daß stabile Chrom-Carbide mit B1-Struktur nicht zu erwarten sind.
Beim Tempern der Schichten im Elektronenmikroskop (siehe [15]) kam es zur Umwandlung der metastabilen Phase CrC_{1-x} in die stabile Carbidmodifikation Cr_3C_2. Aus den Strukturdaten des Carbides CrC_{1-x} (B1, a = 0,41 nm) ergibt sich eine Massendichte im Bereich von 5,62 g $*$cm^{-3} (für x = 0,5) bis 5,91 g $*$cm^{-3} (x = 0,25). Diese Werte sind deutlich kleiner als die der oben angeführten stabilen Chrom-Carbide. Die Transformation von CrC_{1-x} in Cr_3C_2 läßt sich nun in folgender Weise deuten [16]. Die ionenplattierten Cr–C-Schichten standen unter Druckspannungen. Diese Art von Spannungen kann durch Dichteerhöhungen reduziert werden. Obwohl die Massendichten der Carbide $Cr_{23}C_6$ und Cr_7C_3 größer sind, wird offensichtlich das Carbid Cr_3C_2 bevorzugt. Dies sollte mit der ungefähr gleichen Kohlenstoffkonzentration in CrC_{1-x} und Cr_3C_2 zusammenhängen. Es sei hier darauf verwiesen, daß mit dem Konzept des Abbaus von Druckspannungen auch Kristallisationserscheinungen in amorphen Kohlenstoffschichten gedeutet werden konnten [20].
Die Cr–C-Schichten enthielten neben kristallinen auch amorphe Bestandteile [16]. Für die kristalline Komponente CrC_{1-x} ergeben sich mit $x > 0$ Atomverhältnisse $Cr : C > 1$, während für die gesamte Schicht $Cr : C < 1$ ermittelt wurde (s. o.). Dies läßt sich so deuten, daß die amorphe Komponente relativ kohlenstoffreich ist und teilweise sogar aus reinem i-Kohlenstoff besteht.
Erste Überlegungen zum Mechanismus der Entstehung des metastabilen Carbids CrC_{1-x} in den ionenplattierten Schichten führten zu folgenden Vorstellungen: Mit zunehmender Energie kommt es häufiger zum „Einbau" von Kohlenstoffatomen in die regellose dichte Packung von Chrom-Atomen. Durch den Übergang in den kristallinen Zustand sollten die entstehenden hohen Druckspannungen abgebaut werden. Wegen des sehr schnellen Abklingens der lokalen Aktivierung in den mit Ionen beschossenen Schichtbereichen dürfte die metastabile Phase „eingefroren" werden.
Obwohl vor allem Fragen des Bildungsmechanismus der metastabilen Carbid-Phase noch einer fundierten Klärung bedürfen, zeigt das vorgestellte Beispiel, welche Möglichkeiten ionengestützte Beschichtungsverfahren bieten können.

4. Ionenplattierte Kohlenstoffschichten (i-C)

4.1. Einige Schichteigenschaften

4.1.1. Mechanische Eigenschaften

Auf Grund des großen Interesses an der Nutzung der i-C-Schichten für den Verschleißschutz wurden bei uns hauptsächlich mechanische Eigenschaften untersucht. Bei der Auswahl der untersuchten Eigenschaften wurden die in der Praxis auftretenden

Belastungen und die Mechanismen berücksichtigt, die die Lebensdauer der Funktionselemente entscheidend beeinflussen. Im Rahmen spezieller Eigenschaftsuntersuchungen nahm auch die Verwendung technisch relevanter Konstruktionswerkstoffe als Substrat immer breiteren Raum ein. Bei diesen Untersuchungen sind die festgestellten Eigenschaften im allgemeinen als Eigenschaften des Schicht-Substrat-Verbundes anzusehen. Die Realisierung prinzipiell bekannter Einsätzmöglichkeiten von i-C-Schichten zur Vergütung von Oberflächen erfordert umfangreiche Kenntnisse zum Verhalten des konkreten Verbundes.

Haftung und Eigenspannungszustände spielen durch ihre Wirkungen auf die Stabilität der gewählten Schicht-Substrat-Kombination eine wesentliche Rolle. Zur Bestimmung von Schichteigenspannungen wurden zwei für unterschiedliche Substratmaterialien geeignete Untersuchungsverfahren genutzt. So wurde für dünne Schichten ($d_s <$ 1 μm) die Eigenspannung aus der Verbiegung von Siliciumscheiben vor bzw. nach deren Beschichtung ermittelt. Die durchgeführten orientierenden Messungen erbrachten den Nachweis von Druckeigenspannungen. Schichtdickenabhängig ergaben sich für eine Ionenenergie eU_b = 830 eV Eigenspannungen von 2,6 ... 6,6 GPa [21]. Zur Untersuchung dicker i-C-Schichten auf Stahl (C70) wurden die Proben im Vierpunktbiegetest bis zur Rißbildung in der Schicht bzw. bis zur Delamination von Schichtbereichen belastet. Die Auswertung der Rißzahl-Dehnungs-Kurven liefert bei bekanntem Elastizitätsmodul der Schicht Aussagen zur Schichteigenspannung und zur kritischen Spannung (untere Festigkeitsgrenze) [22]. Die Ergebnisse für die Ionenenergie eU_b = 3 keV zeigen, daß sich für größere Schichtdicken ($d_s >$ 5 μm) die Eigenspannungen (σ_e = 0,4 ... 0,6 GPa) verringern und die Grenzfläche i-C-Stahl den Belastungen ohne Delaminationen standhält [12]. Bei extremen Belastungen auftretende Mikrodelaminationen konnten entsprechend [23] genutzt werden, um die Grenzflächenenergie des i-C-Stahl-Verbundes zu 1,8 ... 2,5 Nm^{-1} abzuschätzen. Für dünne i-C-Schichten auf Silicium ergibt sich nach [24] bei Delaminationen ohne Ausbildung von Rissen eine Grenzflächenenergie von 4,2 ... 5,7 Nm^{-1}. Beim Vergleich beider Werte ist zu beachten, daß es sich einerseits um ein System i-C und duktiler Werkstoff und andererseits um die Kombination von i-C mit einem zum Sprödbruch neigenden Material handelt. Das Problem der Delamination harter Kohlenstoffschichten wird in der Literatur häufig angesprochen, da es den Applikationsbestrebungen direkt entgegensteht (vgl. [25, 26, 27]).

Bei der Untersuchung der Eigenspannungen in den Schichten stellte sich auch die Frage nach dem Elastizitätsmodul, da erst bei dessen Kenntnis weitergehende Aussagen zum mechanischen Verhalten der Schichten möglich werden. Zur Bestimmung des E-Moduls wurde eine Modellvorstellung entwickelt, die eine Berechnung mit Hilfe der rißfrei delaminierten Bereiche gestattet [24]. Als Mittelwerte für die durchgeführten Messungen ergibt sich bei:

- eU_b = 2,0 keV ein E-Modul (120 ... 160) $\ast 10^9$ Nm^{-2};
- eU_b = 0,9 keV ein E-Modul (190 ... 290) $\ast 10^9$ Nm^{-2}.

Mit Beginn der Untersuchungen von ionengestützt abgeschiedenen Kohlenstoffschichten erweckte die schon mit einfachen Mitteln feststellbare hohe Härte das Interesse [28]. Die Härte als Werkstoffeigenschaft ist ein maßgebliches Kriterium bei der Werkstoffauswahl für viele technische Anwendungen. Für die von uns hergestellten i-C-Schichten wurden Härtemessungen unter Verwendung der Vickerspyramide als Eindringkörper durchgeführt [29, 30]. Bei ersten Untersuchungen der Mikrohärte von i-C-Schichten auf Hartmetall HG10 wurde eine Abhängigkeit von der Ionenbeschleunigungsspannung festgestellt. In Abb. 6 ist dieser Zusammenhang dargestellt. Für $U_b = (880 \ldots 980)$ V wird ein maximaler Mikrohärtewert von $VH_{0,4N} = (58 \pm 7)$ GPa erreicht (siehe Abb. 6 oberes Teilbild). Die kissenförmige Verzeichnung der Prüfeindrücke ließ auf eine hohe elastische Rückfederung schließen. Mit Hilfe eines

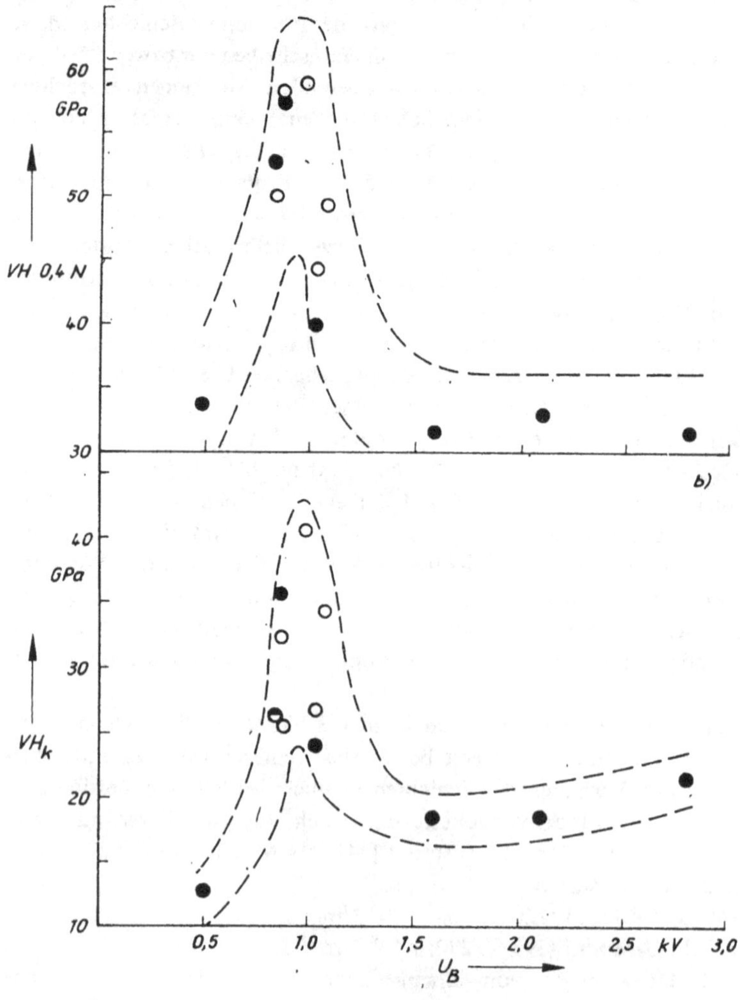

Abb. 6 VICKERS-Mikrohärte in Abhängigkeit von U_b

registrierenden Härteprüfverfahrens [31] wurde eine elastische Tiefenrückfederung von 75 ... 85% und eine Rückfederung der Eindruckdiagonalen von etwa 40% festgestellt [12]. Die Schichtdicke bei der Härteprüfung an i-C-beschichteten Hartmetallsubstraten betrug (4 ... 8) µm. Durch die hohen elastischen Anteile werden die Ergebnisse der Härtemessung durch das optische Ausmessen der Eindrücke nach dem Abheben des Indenters zu höheren Werten verfälscht. Unter Benutzung eines von Haussühl [32] und Gahm [33] vorgeschlagenen Korrekturverfahrens wurden die Meßwerte bearbeitet. Dabei erhält man die im unteren Teilbild (Abb. 6) dargestellten Ergebnisse.

Zur weiteren Charakterisierung des elastischen Verhaltens erfolgte eine umfangreiche Prüfung mit Hilfe des registrierenden Meßverfahrens auch für die Verbunde i-C mit Stahl bzw. Dur-Aluminium. Bei i-C-Dur-Aluminium-Kombinationen war ein optisches Ausmessen der Eindrücke nicht möglich, da einerseits bei geringer Indenterbelastung durch die elastische Rückfederung und die zum Teil gestörte Oberfläche die Eindrücke nicht sichtbar waren und andererseits bei hoher Belastung die Schicht brach und damit der Definitionsbereich der benutzten Härteprüfung verlassen wurde [34]. Durch das registrierende Verfahren konnten folgende Werte der elastischen Tiefenrückfederung ermittelt werden:

- i-C auf HG10 (d_s = 4 ... 8 µm) 75 ... 85%;
- i-C auf 210Cr46H (d_s = 5 µm) 52 ... 68%;
- i-C auf Dur-Al (d_s = 11 µm) 71 ... 75%.

In Abb. 7 sind die Ergebnisse der Mikrohärteprüfung für i-C auf verschiedenen Stahlsorten und der festgestellte Einfluß der Beschichtungsrate dargestellt.

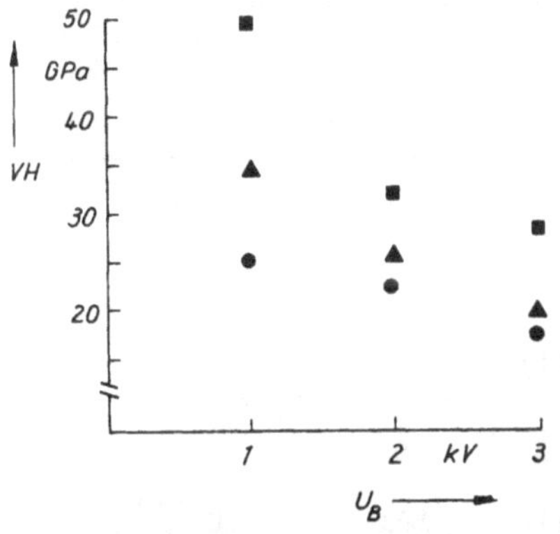

SYMBOL	RATE $\mu m \cdot h^{-1}$	PRÜFLAST Newton	SUBSTRAT
■	2...3	0,40	210 Cr 46 H
▲	6...7	0,40	210 Cr 46 H
●	2...4	0,49	210 Cr 46

Abb. 7 Einfluß des Substratmaterials und der Beschichtungsrate auf die Mikrohärte

Weitere Einzelheiten zur Mikrohärteprüfung enthalten die Arbeiten von Lehwald [35], Rau [12], Schmidt [36] und Hytry [34].

Einen weiteren wichtigen Untersuchungsbereich stellte das Reibungs- und Verschleißverhalten dar. Zur Beschreibung des tribologischen Verhaltens werden verschiedene auf die jeweils interessierende Belastung abgestimmte Modellversuche benutzt. Zur Bestimmung des Gleitreibungskoeffizienten wurde die Anordnung Kugel—Scheibe bzw. Ring—Walze eingesetzt. Bei der erstgenannten Reibgeometrie wurde für die Kombination i-C-beschichtete Stahlscheibe ($U_b = 1$ kV) mit einer Stahlkugel (100Cr6) als Gegenkörper (Auflagedruck 1GPa) ein Reibkoeffizient $\mu = 0{,}04$ gemessen. Für die Geometrie Stahlring-beschichtete Walze ($U_b = 2 \ldots 3$ kV) stellte sich bei einem Auflagedruck von 2 GPa ein Gleitreibungskoeffizient von 0,08 bis 0,11 ein. Alle Versuche wurden ohne Zwischenstoff (Schmierstoff) durchgeführt [12]. Die erzielten Resultate stimmen in wesentlichen mit den von Enke [26] publizierten Ergebnissen überein.

Eine Bewertung des Verschleißverhaltens der Schichten erfolgte mit Hilfe neuentwickelter Prüfverfahren, die eine Beurteilung des Adhäsions- und Abrasionsverhaltens gestatten:

- Bestimmung der linearen Verschleißintensität nach dem Prüfprinzip von Siebel/Kehl;
- Bestimmung der Adhäsionsneigung durch Feststellen des Adhäsionskoeffizienten μ_{Vad} mit Hilfe des Verschiebungsversuches;
- Bestimmung des Abrasionswiderstandes durch Berechnen der Ritzenenergiedichte w_{Ritz}.

Die genutzten Prüfeinrichtungen und Methoden werden in [37] und [38] detailliert beschrieben. Tabelle 1 gibt eine Auswahl der Ergebnisse wider.

Klare Abhängigkeiten der Meßergebnisse von der Ionenbeschleunigungsspannung bei der Herstellung sind nicht erkennbar. Auf die Darstellung der linaren Verschleißintensität wurde verzichtet, da die Werte zum Teil beträchtlich kleiner als 10^{-9} (bis 10^{-11}) waren und an der Auflösungsgrenze des Prüfstandes liegen [34]. Besonders

Tabelle 1 Meßergebnisse zum tribologischen Verhalten von i-C-Schichten

U_b (kV)	für Stahl 210Cr46 Rate $\mu m * h^{-1}$	d_s μm	w_{Ritz} $J * mm^{-3}$	μ_{Vad}	für Dur-Aluminium Rate $\mu m * h^{-1}$	d_s μm	μ_{Vad}
1	3,6	7,2	57	0,16	0,8	3,4	0,17
	4,1	16,4	67	0,13	2,1	4,3	0,18
	1,8	7,2	71	0,17	1,3	5,3	0,22
2	2,3	4,6	69	0,11	2,0	4,0	0,17
	2,5	10,1	91	0,13	2,1	8,5	0,19
	1,9	7,6	96	0,09	1,4	5,7	0,19
3	2,4	4,8	46	0,10	1,7	3,3	0,13
	2,0	7,8	69	0,18	2,8	11,3	0,13
	3,3	13,4	89	0,16	1,3	4,7	0,14

heben sich die hohen Ritzenergiedichten heraus. Als Vergleichswerte sollen hier die am gleichen Prüfstand gemessenen Werte für TiN (5 μm auf 210Cr46) 15 $J * mm^{-3}$ und für TiC (10 μm auf 210Cr46) 30 $J * mm^{-3}$ dienen [38]. Die extrem hohe Abrasionsfestigkeit wurde auch durch eine entsprechende Parameterwahl bei der weiter unten beschriebenen applikativen Beschichtung bestätigt. Die Werte für μ_{Vad} unterliegen sehr stark dem Einfluß der Oberflächengüte und sind mit denen anderer Hartstoffschichten vergleichbar [36].

Die festgestellte hohe Resistenz der i-C-Schichten gegen mechanische Belastungen ist im Zusammenhang mit der ebenfalls festgestellten Resistenz gegen chemische Einflüsse (beständig gegen eine Vielzahl von Säuren und Laugen) [39] die Basis für weitere auf die industrielle Anwendung der Schichten gerichtete Forschungsaufgaben.

4.1.2. Elektrische Eigenschaften

Der spezifische elektrische Widerstand ρ ionenplattierter i-C-Schichten wurde von Mrwa [40] in Sandwichanordnung an 200 ... 300 nm dicken Filmen auf Siliciumsubstraten gemessen (Abb. 8).

Die für den Bereich kleiner Ionenenergien (U_b < 100 V) ermittelten hohen ρ-Werte sind denen von Diamant [41] ähnlich, hängen aber nicht mit der Ausbildung von diamantartigen atomaren Strukturen zusammen. Vielmehr enthalten gerade die mit

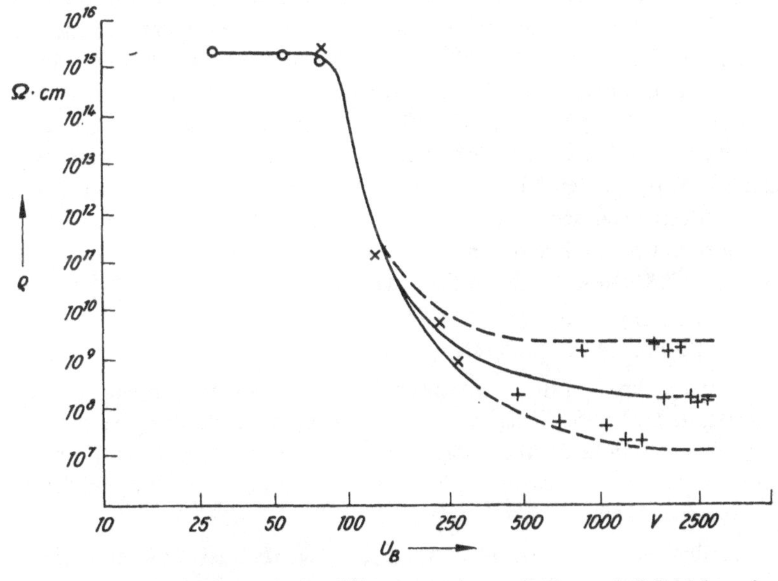

Abb. 8 Spezifischer elektrischer Widerstand ionenplattierter i-C-Schichten in Abhängigkeit von U_b, gemessen in Sandwichanordnung

U_b < 100 V abgechiedenen i-C-Schichten erhebliche Anteile von polystyren-ähnlichem Polymermaterial [42], das ebenfalls sehr hochohmig sein sollte. Für kompaktes Polystyren sind ρ-Werte von $10^{16}\ \Omega \cdot cm$ charakteristisch. Die Abnahme des spezifischen Widerstandes mit wachsendem U_b läßt sich, ebenso wie die Veränderungen der Massendichte und des Wasserstoffgehaltes, auf strukturelle Unterschiede des amorphen Schichtmaterials zurückführen (siehe Abschnitt 4.2.). Allerdings sind auch die für U_b > 1000 V ermittelten ρ-Werte noch beträchtlich größer als die aufgedampfter amorpher Kohlenstoffschichten (a-C), die im Bereich von 10^{-2} bis $10^{3}\ \Omega \cdot cm$ zu erwarten sind (siehe [13]).

Zur Temperaturabhängigkeit der elektrischen Leitfähigkeit wurden orientierende Messungen (in lateraler Anordnung) durchgeführt [43]. Es zeigte sich bei allen untersuchten Proben eine Zunahme der elektrischen Leitfähigkeit mit steigender Temperatur. Sehr ähnliche Abhängigkeiten ergaben sich für a-C:H-Schichten, die mittels Hochfrequenz- bzw. Gleichstrom-Glimmentladung hergestellt wurden [44—46].

Hinsichtlich der Deutung der elektrischen Messungen gibt es jedoch noch einige Unklarheiten, z.B. im Zusammenhang mit deutlich unterschiedlichen ρ-Werten für die laterale bzw. Sandwich-Meßanordnung.

4.2. Struktur ionenplattierter i-C-Schichten

Ein 1960 von Kakinoki u.a. [47] vorgeschlagenes Strukturmodell für amorphe Kohleaufdampffilme (a-C) enthielt etwa gleich viele dreifach und vierfach koordinierte, also graphit- und diamantartig gebundene Kohlenstoffatome, die ein dreidimensionales Netzwerk bildeten. Mit diesem Modell ließ sich sowohl die mittels Elektronenbeugung erhaltene Intensitätsfunktion i(s) (s: Beugungsparameter), die radiale Verteilungsfunktion (RDF) als auch die durch Wägung bestimmte Massendichte ρ_m = 2,4 g ∗cm^{-3} befriedigend erklären. Der mittlere Abstand der ersten Nachbarn betrug 0,150 nm, lag also zwischen den für Diamant (0,154 nm) und Graphit (0,142 nm) charakteristischen Atomabständen. Mit der bereits genannten Dichte von 2,4 g ∗cm^{-3} ergaben sich Koordinationszahlen der nächsten und übernächsten Nachbarn von $K_1 = 3{,}2$ bzw. $K_2 = 7{,}8$. Diese Werte stützten das Strukturmodell ebenfalls

(Graphit: $\rho_m = 2{,}25$ g ∗cm^{-3}, $K_1 = 3$, $K_2 = 6$;
Diamant: $\rho_m = 3{,}51$ g ∗cm^{-3}, $K_1 = 4$, $K_2 = 12$).

Die diamantähnlichen makroskopischen Eigenschaften von i-C-Schichten wurden vielfach mit der Annahme erklärt, daß der Anteil tetraedrisch gebundener C-Atome, bedingt durch den Ionenbeschuß, deutlich höher sei als in a-C-Filmen [46, 48]. Solche Schichten wären im Extremfall als amorphe Diamanten mit einer dem a-Silicium ähnlichen Struktur anzusehen.

Wada u.a. [49] fanden bei Untersuchungen aufgedampfter und gesputterter Kohlenstoffschichte keine Hinweise auf die Existenz tetraedrisch gebundener C-Atome und schlugen daher ein zu Kakinoki u.a. [47] alternatives Strukturmodell vor, in dem willkürlich orientierte graphitartig aufgebaute Cluster mit Ausdehnungen von etwa 2 nm dominieren.

Im Rahmen unserer eigenen Arbeiten wurden verschiedene Untersuchungsverfahren zur Aufklärung der Struktur ionenplattierter i-C- sowie aufgedampfter a-C-Schichten genutzt:

- Dichtemessungen mit der Schwebemethode;
- Ermittlung der Wasserstoffgehalte mittels Kernreaktionsanalyse [6, 50];
- hochauflösende Transmissionselektronenmikroskopie [13];
- Elektronen-Energieverlust-Spektroskopie (EELS) [4, 51, 52];
- Elektronenbeugung [53, 13, 54];
- Temperexperimente im Elektronenmikroskop [13].

Abb. 9 zeigt die Abhängigkeiten des Wasserstoffgehaltes (a) und der Massendichte (b) von der Ionenbeschleunigungsspannung U_b. Für kleine U_b-Werte bestehen die Schichten, wie bereits in Abschnitt 4.1. erwähnt, aus polymerartigem Material, für das relativ niedrige Dichten und hohe Wasserstoffgehalte typisch sind [13, 42]. Mit wachsendem U_b sinkt der Polymergehalt, und oberhalb etwa 700 V bestehen die Schichten überwiegend aus einem Kohlenstoffnetzwerk mit nahezu konstanter Dichte und Wasserstoffkonzentration. Entgegen den Erwartungen enthielten auch die aufgedampften a-C-Filme erhebliche Mengen Wasserstoff (>20 at.%) [13].

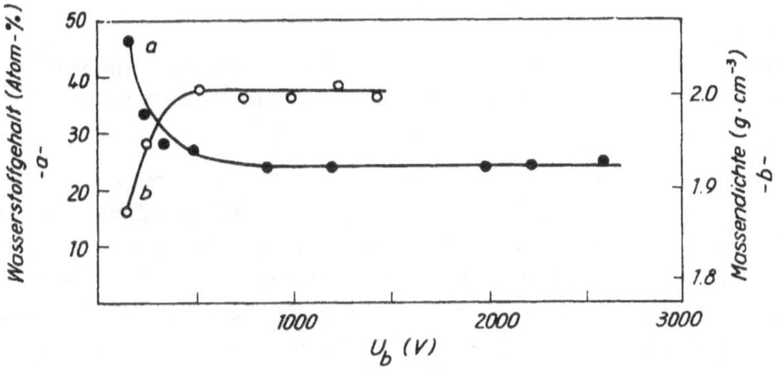

Abb. 9 Wasserstoffgehalt (a) und Massendichte (b) ionenplattierter i-C-Schichten in Abhängigkeit von der Ionenbeschleunigungsspannung U_b

Im folgenden soll auf die atomare Struktur des Kohlenstoff-Netzwerkes eingegangen werden.

Hochauflösende elektronenmikroskopische Abbildungen sehr dünner Proben (< 10 nm) wiesen keine Unterschiede zwischen i-C- und a-C-Schichten aus. Ausgedehnte Bereiche mit Streifenkontrasten (Abbildungen der Graphit-Ebenen-Abstände d_{002}), die vom Glaskohlenstoff bekannt sind, z.B. [55], waren nicht zu erkennen. Dies weist auf einen hohen Grad topologischer Unordnung hin. Alle untersuchten Proben waren homogen, und es konnten keine Säulenstrukturen nachgewiesen werden.

Aus den EELS-Spektren ionenplattierter i-C-Schichten ergaben sich keine Hinweise auf die Existenz von Schichtbereichen mit Diamantbindung. Dagegen zeigten sich Ähnlichkeiten mit den Meßdaten, die für a-C-Filme ermittelt wurden (Abb. 10, zum Vergleich: Diamant und Graphit nach ([56]).

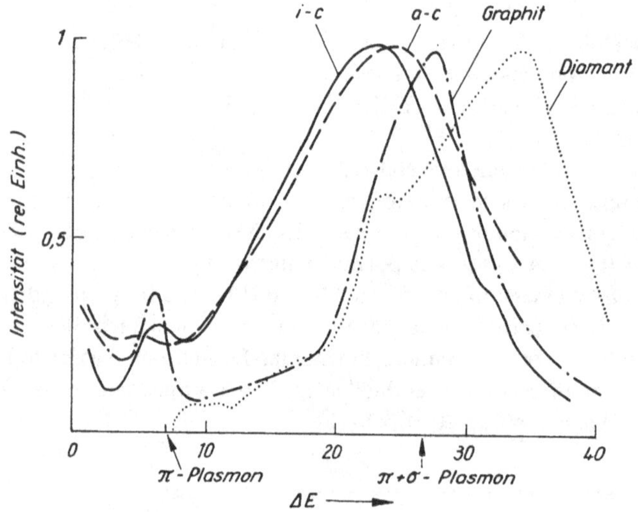

Abb. 10 Elektronen-Energieverlust-Spektren von i-C- und a-C-Schichten sowie von Diamant und Graphit. Die Kurven sind auf gleiche Höhe des Hauptmaximums normiert

Elektronenbeugungsuntersuchungen ergaben für i-C(U_b = 900 V)- und a-C-Schichten ebenfalls sehr ähnliche Daten (i(s), RDF). Wie in der bereits erwähnten Arbeit von Kakinoki u.a. [47] lagen die Abstände der ersten und zweiten Nachbarn zwischen denen von Graphit und Diamant. Andererseits waren die ermittelten Koordinationszahlen deutlich kleiner ($K_1 < 3, K_2 < 6$). Abb. 11 zeigt die experimentell ermittelte i(s) einer i-C-Schicht (U_b = 900 V) [53] (Kurve b) und die mit den in der Tabelle angegebenen Werten berechnete Intensitätsfunktion (Kurve a, beste Anpassung, siehe [13]). Die Abweichungen im Bereich kleiner s sind auf Beiträge großer Abstände, die zwischen den graphitartig aufgebauten Clustern (s.u.) auftreten, zurückzuführen [13, 54]. Es läßt sich feststellen, daß sowohl die RDF-Analysen [53] als auch die Simulation der Intensitätsfunktionen i(s), Abb. 11, keine Hinweise auf diamantartig gebundenen Kohlestoff (vierfach koordiniert) erbringen.
Die Beugungsdaten weisen vielmehr auf eine graphitähnliche atomare Nahordnung sowohl in den i-C- als auch in den a-C-Filmen hin. Die gegenüber Graphit größeren Atomabstände zeigen jedoch, daß die Schichten auch merkliche Anteile von C–C-Einfachbindungen (0,154 nm) enthalten. Diese können, wie vom Cyclohexan (C_6H_{12}) bekannt, auch in 6-Ringen auftreten, sind also nicht alleine mit Diamantstrukturen in Verbindung zu bringen. Es wird nun für die beiden untersuchten Typen amorphen

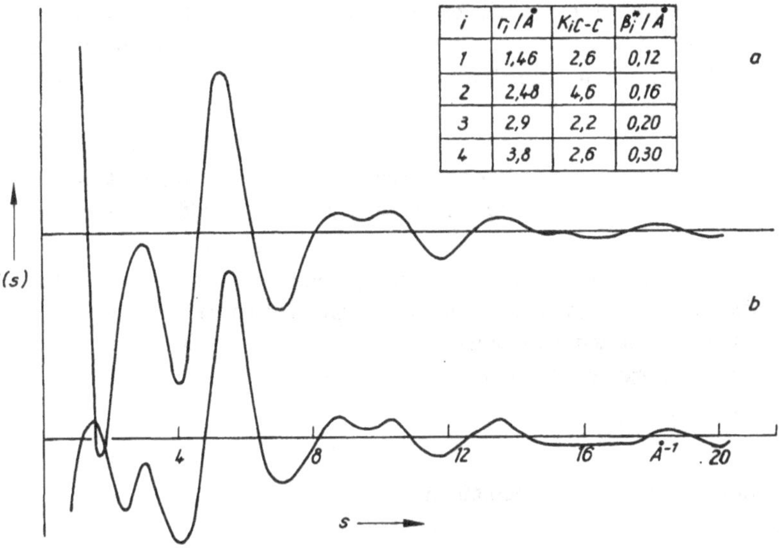

i	r_i/Å	K_{iC-C}	β_i^*/Å
1	1,46	2,6	0,12
2	2,48	4,6	0,16
3	2,9	2,2	0,20
4	3,8	2,6	0,30

Abb. 11 Experimentell ermittelte i(s) einer i-C-Schicht (b; $U_b = 900$ V), am besten angepaßte berechnete i(s) mit entsprechenden Parametern (a) (r_i Atomabstände, K_i Koordinationszahlen, β_i^* Dämpfungsfaktoren [13])

Kohlenstoffs folgendes Strukturmodell vorgeschlagen [13, 53]: Graphitähnlich aufgebaute Cluster mit Ausdehnungen von etwa 1 nm enthalten neben ebenen 6-Ringen (Graphitstruktur) auch geknickte 6-Ringe, die Einfachbindungen enthalten. Die Verbindung der Cluster erfolgt über mehr oder weniger stark ausgeprägte Vernetzungen die auch tetraedrisch gebundenen Kohlenstoff enthalten. An den letztgenannten C-Atomen sowie an den Cluster-Rändern ist der Wasserstoff angelagert. Mit diesem Modell lassen sich alle experimentell ermittelten Strukturdaten interpretieren. Es sei hier darauf verwiesen, daß kürzlich abgeschlossene EELS-Untersuchungen zu äquivalenten Strukturvorstellungen führten [51, 52].
Offenbar sind die erwähnten Vernetzungen im i-C-Material wesentlich stärker ausgeprägt als im a-C. Dies konnte aus Temperexperimenten an dünnen Filmen im Elektronenmikroskop gefolgert werden. Während die a-C-Proben erste Stadien der Graphitierung durchliefen, war dies für die i-C-Proben nicht zu beobachten. Vom Glaskohlenstoff ist bekannt, daß stark vernetztes Material nur sehr schwer graphitierbar ist [57]. Die Übertragung dieser Erkenntnis auf unsere Schichten bietet sich an.

4.3. Struktur-Eigenschafts-Relationen

Von Vernetzungsunterschieden ausgehende Modelle führen zu einer zwangslosen Einordnung der i-C- und a-C-Schichten in die Kategorien „hart“ und „weich“: Graphitierende Kohlenstoffe sind weich, nicht graphitierende hart, letzteres wird durch die Vernetzungen bewirkt [57]. Das ausgeprägte Maximum der Mikrohärte bei U_b = 1000 V sollte darauf zurückzuführen sein, daß diese Schichten besonders starke Vernetzungen enthalten, die mit zunehmender Ionenenergie zerstört werden. Dadurch sinkt die Härte der Schichten wieder.

Die Vernetzungen stellen offensichtlich auch Barrieren für den Ladungstransport in den Schichten dar. Mit dieser Vorstellung ließe sich der im Vergleich zu a-C-Schichten noch sehr hohe spezifische Widerstand der i-C-Schichten (U_b > 1000 V) (siehe 4.1.2.) erklären.

Die häufig als diamantähnlich bezeichnete Transparenz relativ dicker Schichten im sichtbaren Spektralbereich sowie die sehr hohen spezifischen Widerstände der mit niedrigen U_b ionenplattierten i-C-Schichten hängen nicht mit Diamantbindungen, sondern mit hohen Polymergehalten zusammen [42, 13].

4.4. Einige Anwendungen der i-C-Schichten

In einigen Anwendungsfällen erwiesen sich die vorgestellten i-C-Schichten als sehr geeignet zum Verschleißschutz. Drei Beispiele seien genannt:

- Draht-Ziehsteine (für den VEB Ketten- und Nagelwerke Weißenfels);
- Fadenführer für Strickmaschinen (VEB Strickmaschinen Karl-Marx-Stadt);
- Tuschezeichenröhrchen (VEB Schreibgeräte, Betriebsteil Heiko, Wernigerode).

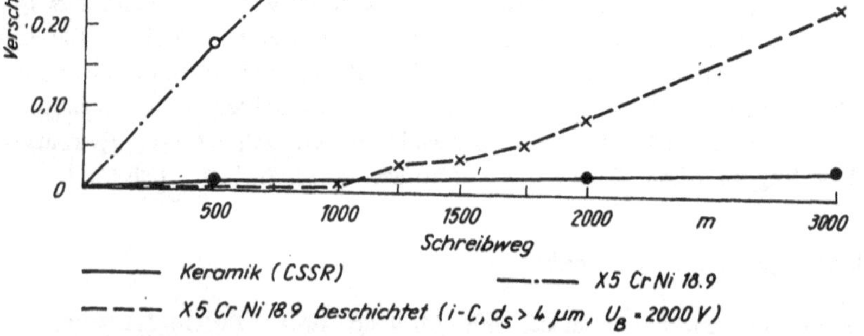

Abb. 12 Verschleiß von Tusche-Zeichenröhrchen (Stahl unbeschichtet und i-C-beschichtet, zum Vergleich: Keramik-Röhrchen)

Die ersten beiden Beispiele stammen aus dem Forschungszentrum der Werkzeugindustrie im Werkzeugkombinat Schmalkalden (Außenstelle Karl-Marx-Stadt). Die Zeichenröhrchen wurden in unserem Wissenschaftsbereich beschichtet, wobei im Rahmen einer Klein-Produktion der Jahresbedarf des Betriebes gedeckt werden konnte. Abb. 12 zeigt den Effekt der i-C-Beschichtungen. Zum Vergleich sind auch die Werte von importierten Keramikröhrchen angegeben. Man erkennt, daß unsere Schichten bis zum „Durchreiben" einen extrem niedrigen Verschleiß aufweisen.
In manchen aussichtsreich erscheinenden Fällen erwies sich die Haftfestigkeit der Schichten als nicht ausreichend. Um das Problem der Haftung befriedigend zu lösen, bedarf es noch weiterer Grundlagenuntersuchungen, u. a. zum Mechanismus des Wachstums der i-C-Schichten.

5. Zusammenfassung und Ausblick

An Hand von zwei Beispielen, Chrom-Kohlenstoff-Composit-Schichten und i-Kohlenstoffschichten, konnte gezeigt werden, daß ionengestützte Verfahren geeignet sind, „ungewöhnliche" metastabile Phasen in dünnen Schichten zu erzeugen. In beiden Fällen erwies sich die Ionenenergie als der Parameter mit dem deutlichsten Einfluß auf das Wachstum und damit auf die Struktur und die Eigenschaften der Schichten. Seit rund zehn Jahren werden in unserem Wissenschaftsbereich i-Kohlenstoffschichten mittels Ionenplattieren hergestellt. Das Ziel der im vergangenen Jahr begonnenen Forschungsarbeiten besteht nun darin, zu untersuchen, ob durch Zumischung von Wasserstoff zum Arbeitsgas oder -dampf der Anteil von vierfach koordinierten Kohlenstoffatomen (Diamantbindung) in den Schichten merklich erhöht werden kann. Diese Zielstellung resultiert aus der Kenntnis, daß es mittels spezieller CVD-Verfahren möglich ist, polykristalline Diamantschichten auf verschiedenen Substraten abzuscheiden. Derartige Abscheidungstechniken sind seit längerem bekannt [58–60], und die Zahl der Publikationen zu diesem Problemkreis wuchs in den letzten Jahren stark an (siehe [61]). Daher erscheint es sinnvoll, die Arbeiten auf diesem Gebiet auch bei uns zu intensivieren, zumal in der DDR bisher noch keine Diamantschichten hergestellt worden sind.
Abschließend möchten wir Herrn Dr. R. Mattheis (Physikalisch-Technisches Institut der AdW der DDR in Jena) für die an unseren Cr–C-Compositschichten durchgeführten RBS-Untersuchungen sowie den Herren Dr. C. Heiser und Prof. Dr. W. Rudolph (Zentralinstitut für Kernforschung der AdW der DDR in Rossendorf) für die Messungen der Wasserstoffgehalte in den ionenplattierten i-C-Schichten mittels Kernreaktionsanalyse danken. Außerdem gilt unser Dank allen nicht namentlich genannten Kollegen, die an der Erarbeitung der hier vorgestellten Ergebnisse mitgewirkt haben.

Literaturverzeichnis

[1] C. Weißmantel, Sitzungsberichte der AdW der DDR, 1 N 1979.
[2] G. Carter and D. G. Armour, Thin Solid Films **80** (1981) 13.
[3] K.-H. Müller, J. Vac. Sci. Technol. A **4** (1986) 184.
[4] C. Weißmantel, K. Bewilogua, C. Schürer, K. Breuer and H. Zscheile, Thin Solid Films **61** (1979) L 1.
[5] C. Weissmantel, C. Schürer, F. Fröhlich, P. Grau and H. Lehmann, Thin Solid Films **61** (1979) L 5.
[6] C. Weissmantel, in: K. J. Klabunde (ed.), "Thin films from free atoms and particles", Academic Press, New York, 1985, p. 153.
[7] G. Reiße, Dissertation (B), TH Karl-Marx-Stadt 1982.
[8] H.-J. Erler, G. Reisse and C. Weissmantel, Thin Solid Films **65** (1980) 233.
[9] J. Amano, Proc. ISIAT 81, Tokyo 1981, T. Takagi (ed.), Kyoto University, p. 419.
[10] D. M. Mattox, Proc. 6th Int. Vacuum Congr. 1974, Jpn. J. Appl. Phys., Supp. 2, Pt. 1 (1974) 443.
[11] C. Weissmantel, K. Bewilogua, K. Breuer, D. Dietrich, U. Ebersbach, H.-J. Erler, B. Rau and G. Reisse, Thin Solid Films **96** (1982) 31.
[12] B. Rau, Dissertation (A), TH Karl-Marx-Stadt 1984.
[13] K. Bewilogua, Dissertation (B), TH Karl-Marx-Stadt 1983.
[14] H.-J. Heinitz, K. Bewilogua und S. Schulze, Beiträge 9. Tagung Hochvakuum, Grenzflächen/Dünne Schichten, Dresden, 1988, S. 289.
[15] H.-J. Heinitz, Dissertation (A), TU Karl-Marx-Stadt, 1989.
[16] K. Bewilogua, H.-J. Heinitz, B. Rau and S. Schulze, Thin Solid Films **167** (1988) 233.
[17] R. Kieffer und F. Benesovsky, „Hartstoffe", Springer-Verlag, Wien, 1963, S. 151.
[18] L. E. Toth, "Transition Metal Carbides and Nitrides", Academic Press, New York, 1971, p. 79, 33.
[19] G. Hägg, Z. phys. Chem. B **12** (1931) 33.
[20] W. Pompe, H.-J. Scheibe, A. Richter, H.-D. Bauer, K. Bewilogua and C. Weissmantel, Thin Solid Films **144** (1986) 77.
[21] B. Rau, W. Lehwald, C. Weissmantel, F. Fröhlich, C. Schürer und P. Grau, Beiträge 7. Tagung Hochvakuum, Grenzflächen/Dünne Schichten, Dresden, 1981, S. 182.
[22] G. Gille and K. Wetzig, Thin Solids Films **110** (1983) 37; G. Gille, Thin Solid Films **111** (1984) 201.
[23] G. P. Cherepanov, "Mechanics of brittle fracture", McGraw Hill, New York 1979, S. 640.
[24] G. Gille and B. Rau, Thin Solids Films **120** (1984) 109.
[25] N. Matuda, S. Baba and A. Kinbara, Thin Solid Films **81** (1981) 301.
[26] K. Enke, Thin Solids Films **80** (1981) 227.
[27] D. Nir, Thin Solid Films **112** (1984) 41.
[28] S. Aisenberg and R. Chabot, J. Vac. Sci & Technol. **10** (1973) 104..
[29] H. Bückle, Die Mikrohärteprüfung, Berliner Union, Stuttgart 1957.
[30] K. H. Habig, Verschleiß und Härte von Werkstoffen, Carl Hanser Verlag, München Wien 1980.
[31] F. Fröhlich, P. Grau and W. Grellmann, phys. stat. sol. (a) **42** (1977) 763.
[32] S. Haussühl, Kristallphysik, Deutscher Verlag für Grundstoffindustrie, Leipzig 1983.
[33] J. Gahm, VDI-Berichte **160** (1972) 25.

[34] R. Hytry, Diplomarbeit, TU Karl-Marx-Stadt 1988.
[35] W. Lehwald, Diplomarbeit, TH Karl-Marx-Stadt 1980.
[36] S. Schmidt, Diplomarbeit, TH Karl-Marx-Stadt 1986.
[37] G. Pursche und W. John, Schmierungstechnik **17** (1986) 337.
[38] K. Voigt, Dissertation (A), TH Karl-Marx-Stadt 1986.
[39] U. Ebersbach, C. Schürer und C. Weissmantel, Z. phys. Chemie, Leipzig **260** (1979) 938.
[40] W. A. Mrwa, Diplomarbeit, TH Karl-Marx-Stadt 1979.
[41] W. Schmidt und H. Malzahn, „Industriemineral Diamant“, VEB Deutscher Verlag für Grundstoffindustrie, Leipzig 1980, S. 45.
[42] D. Dietrich, Dissertation (A), TH Karl-Marx-Stadt 1984.
[43] C. Weissmantel, E. Ackermann, K. Bewilogua, G. Hecht, H. Kupfer and B. Rau, J. Vac. Sci. Technol. A **4** (1986) 2892.
[44] B. Meyerson and F. W. Smith, J. Non-Cryst. Solids **35** & **36** (1980) 435.
[45] D. I. Jones and A. D. Stewart, Phil. Mag. B **46** (1982) 423.
[46] D. A. Anderson, Phil. Mag. **35** (1977) 17.
[47] J. Kakinoki, K. Katada, T. Hanawa and T. Ino, Acta Cryst. **13** (1960) 171.
[48] S. Fujimori and K. Nagai, Jpn. J. Appl. Phys. **20** (1981) L 194.
[49] N. Wada, P. J. Gaczi and S. A. Solin, J. Non-Cryt. Solids **35** & **36** (1980) 543.
[50] W. Rudolph, C. Bauer, P. Grippner, D. Grambole, C. Heiser, F. Herrmann and H. J. Thomas, J. Radioanal. Chem. **83** (1984) 99.
[51] I. Mühling, Dissertation (A), TU Karl-Marx-Stadt, eingereicht.
[52] I. Mühling, K. Bewilogua and K. Breuer, Thin Solid Films, 1989.
[53] G. Holzhüter, Dissertation (A), Wilhelm-Pieck-Universität Rostock 1987.
[54] K. Bewilogua, D. Dietrich, G. Holzhüter and C. Weissmantel, phys. stat. sol. (a) **71** (1982) K 57.
[55] G. M. Jenkins, K. Kawamura and L. L. Ban, Proc. Roy. Soc. (London) A **327** (1972) 501.
[56] J. Daniels, C. v. Festenberg, H. Raether and K. Zeppenfeld, Springer Tracts Mod. Phys. **54** (1970) 77.
[57] Gmelins Handbuch der anorganischen Chemie – Kohlenstoff – Teil B, Verlag Chemie, Weinheim 1968.
[58] D. V. Fedoseev, B. V. Derjagin, I. G. Varshavskaja und A. S. Semenova-Tyan-Shanskaya, Kristallisatsiya almasa", Nauka, Moskau 1984.
[59] S. Matsumoto, Y. Sato, M. Tsutsumi and N. Setaka, J. Mater. Sci. **17** (1982) 3106.
[60] B. V. Spitsyn, L. L. Bouilov and B. V. Derjagin, J. Cryst. Growth **52** (1981) 219.
[61] U. Schlaak, Metalloberfläche **42** (1988) 147.

ISBN 3-05-500528-7
ISSN 0138-3965

Kolibri 360 GmbH
Ferdinand-Jühlke-Straße 7
99095 Erfurt, Deutschland
produktsicherheit@kolibri360.de